U0157559

江小惜的时光旅行

一场穿越古今的惜水之旅

江西省水利科学院 编著

中国水利水电出版社
www.waterpub.com.cn
·北京·

图书在版编目（CIP）数据

节水总动员之江小惜的时光旅行 / 江西省水利科学
院编著. -- 北京 ：中国水利水电出版社，2023.1
ISBN 978-7-5226-0951-5

Ⅰ．①节…　Ⅱ．①江…　Ⅲ．①节约用水－少儿读物
Ⅳ．①TU991.64-49

中国版本图书馆CIP数据核字(2022)第158384号

审图号：GS京（2022）1457号

书　　名	节水总动员之江小惜的时光旅行 JIESHUI ZONG DONGYUAN ZHI JIANG XIAOXI DE SHIGUANG LÜXING
作　　者	江西省水利科学院　编著
出版发行	中国水利水电出版社 （北京市海淀区玉渊潭南路1号D座　100038） 网址：www.waterpub.com.cn E-mail：sales@mwr.gov.cn 电话：（010）68545888（营销中心）
经　　售	北京科水图书销售有限公司 电话：（010）68545874、63202643 全国各地新华书店和相关出版物销售网点
排　　版	北京金五环出版服务有限公司
印　　刷	天津画中画印刷有限公司
规　　格	273mm×260mm　12开本　7印张　64千字
版　　次	2023年1月第1版　2023年1月第1次印刷
定　　价	128.00元

编 委 会

江小惜的时光旅行

演唱/李扬

作词/王柔曼
作曲/李扬

1=C转D 4/4

♩=122 欢快、跳跃地

```
5 5 5 1  1 1 |3 3 3 4  3 3 |2 1  1  6 6 |2 1 1 1  - |
```
雨后 的清 新， 无尽 夏香 气， 下课 铃后 的 约定。
大船 爬楼 梯， 小船 坐电 梯， 千里 江陵 一日 行。

```
2 1 1  2 2 |4 3 1  5 5 |#4 1 1  2 0 1 2 |3 4 3 2 3 2  - |
```
翻开 时光， 跟随 小惜， 穿越 千年 我们 一起 旅行。
大雨 积蓄， 草地 呼吸， 海绵 城市 藏着 多少 奥秘。

```
5 5 5 1  1 5 |3 3 3 4  3 3 |2 1  1  3 3 |5. 4 4 3 3 |
```
炊烟 唤晨 曦，引 河水 入田 地， 傍水 而居 的 记忆。
长江 水迁 徙，穿 黄河 送北 京， 天河 落入 人 间里。

```
4 3 4 4  4. 4 |4 4 4 5 4 1 2 2  2 - - |0 0  0 2 3 2 1 |
```
人杰 地灵， 鱼米 之乡 育文明。   噢
节水 优先， 大声 说给 世界听。

※
```
1. 1 1.2 1.2 |3. 7 7  - |1. 1 1.2 1.2 |3. 5 5  - |
```
伴 我 快乐地 成 长， 畅 游 科学的 海 洋，

```
4. 4 4 4. 4 1 4 |3. 3 3 3  3. 1 1 3 |2. 2 2 2 2. 6 7 1 |
```
追 逐浪花， 啦啦啦 亲 吻小鱼， 噢与 你 浪漫美妙 的奇

```
2  - - |1. 1 1.2 1.2 |3  7 7  - |1. 1 1.2 1.2 |
```
遇。   给 我 勇气和力 量， 插 上 两翼去

```
3. 5 5  - |4. 4 4 4 4. 4 1 4 |3. 3 3 3 3. 1 1 3 |3 2 2  - - |
```
飞 翔， 追 逐梦想， 啦啦啦 亲 吻童心， 噢江 小 惜，

```
0 3  1  7 1 1  - - |0  0  0  0 :|
```
与 你 同行。   Fine

```
0. 6 6. 6 6 1 1 |1 7  7 - 6 5 |0. 7 7. 7 7 2  2 |2 #1  6 3  5 |
```
城市 的星光 灿 烂， 在运 河沿岸 欢 快亮 起，

```
4 3 4 1. 0 1 |6 5 5 0 1 2 2  2 - - |2 - 0 2 3 2 1 |
```
岁月 长河， 川流 不息 画美景。   噢
                                                 D.S.

目 录
CATALOGUE

第一篇：
水的奥秘

　　地球表面约71%被水覆盖，从外太空看去，地球是一个蓝色的水球。这颗蓝色水球孕育了缤纷的生命，也赋予了生命源源不断的动力。

　　地球上的水究竟从何而来，又是如何在陆地、海洋、天空中循环往复、更迭不息的呢？江小惜将带领我们来到地球初生之时，揭开水的身世之谜。

水从哪里来?

地球上有那么多水,这些水是从哪里来的呢? 目前关于地球上水的来源有两种说法:自生说和外生说。

自生说

地球上的水来自地球本身。有三种不同意见:

火山灰
石块
水蒸气
熔岩

第一种
火山喷发释放出大量的水。

外生说

地球上的水来自地球以外的宇宙空间。有两种不同意见:

第一种
含水的球粒陨石降落到地球表面,给地球带来水。

碳
＋
电子

H_2
O_2

易熔化物质

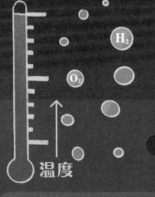

温度

母核

衰变

子核

不易熔化物质

氧原子　碳原子　氢

第二种
地球在成为行星时,因球体内部温度上升,使得氢气、氧气等密度小的气体上浮到地表生成水。

第三种
地球最初是冰冷的球体,由于地球内部的一些放射性元素衰变释放出热,不易熔化的物质下沉,易熔化的物质上升,从而分离出大量水蒸气。

第二种
太阳风到达地球大气圈上层,带来大量氢核、碳核、氧核等与大气圈中的电子结合成氢原子、碳原子、氧原子等,再通过不同的化学反应变成水。

水循环

水汽凝结成云
水汽在高空遇冷时，有的液化成小水滴，有的凝华成小冰晶，形成千姿百态的云。

水汽传输

冰川
云中的小冰晶凝结变大形成雪降落在山上，逐渐形成冰川。

陆地降水
云中的小水滴变大落到地面形成雨。

海洋降水

地表径流
雨水汇入江河流向大海。

水汽蒸腾
植物中的水通过汽化变成水蒸气升入天空。

海水蒸发

包气带

地下径流
地表水渗入地下而形成。

潜水含水层

海洋

什么是水循环？
水循环是指地球上形态各异的水，在太阳辐射、地球引力等作用下，通过蒸发、水汽输送、凝结降落、下渗等环节，使之不断重复发生的运动过程。

隔水层

无论水从何而来，对于依赖水生存的我们来说，保护好水资源，维持地球水圈健康运转，才能使生物圈生生不息地发展下去。

承压含水层

隔水层

水与生命的不解之缘

水，为什么是生命之源？地球曾经是荒芜的，直到约35亿年前，从海洋中诞生了第一个单细胞生命体，于是水与生命的不解之缘正式拉开序幕。

约46亿年前
地球形成了。

约38亿年前
陆地一片荒芜，海洋中孕育了最原始的生命——细胞。

约35亿年前
原始细胞逐渐演变成原始的单细胞藻类——最原始的生命体。

水母

鹦鹉螺

经历数亿年
进化产生了原始水母、鹦鹉螺、珊瑚，约4亿年前，海洋中出现了鱼类。

鱼类

珊瑚

总鳍(qí)鱼

4.3亿至3.45亿年前
地壳发生强烈运动，海洋逐渐缩小，陆地开始大面积显现。

恐龙

蛙类

约3亿年前
总鳍鱼逐渐在陆地生存下来，慢慢演化出了新的族群——两栖动物。

2.7亿至1.35亿年前
由两栖动物进化成的爬行动物出现了。而后，恐龙成为统治地球的主人。

不同年龄的
人体含水量

婴儿期
80%

成人期
60%~70%

老年期
50%

树木含水量
≈50%

含水量>90%

含水量≈14%

小草含水量70%~80%

人体组织器官含水量

大脑 84%

眼睛 95%

牙齿 10%

心脏 79%

肌肉 75%

肺部 85%

鸟类

鸭嘴兽

约6500万年前

恐龙灭绝，鸟类和哺乳动物
开始了大发展、大扩散。

约300万年前

原始人——有着初步智慧
的高级生命出现了。

水在生物生长过程中必不可少，如
果缺水超过20%，大多数生物就会
死亡。水孕育生命，水滋养生命，
所以，珍惜水就是珍惜生命。

第二篇：
水与原始文明

水不仅给地球带来了生命，也创造了人类的智慧和文明。自远古起，人们就与水休戚与共。傍水而居——已成为人类亘古不变的居住情怀。

水让世间万物的生命得以延续，却也会冲毁田地、房屋，令百姓流离失所。人们对水无比亲近却又充满敬畏。让我们跟随江小惜穿越到原始文明时期，一起看看当时人们的生活与劳作吧！

原始人的生存之道：傍水而居

穿越时空隧道，我们来到了8000年前，见证了华夏文明的起源，看到了原始时期人们傍水而居的美好画面。

中国最早的水井，上方盖有井亭，那时的人们已经开始讲究饮水卫生。

人们依水而生、傍水而居过着最原始的生活。

有了简单的生产工具后，人们掌握了耕种技术、酿酒技术等，生活处处与水资源利用相结合，农耕文化渐渐成熟起来。

大禹为什么不回家？

飞跃历史长河，我们又来到了约4000年前的尧舜时代，在这里，我见到了治水在外十三年却"三过家门而不入"的禹。

当时洪水肆虐，庄稼被淹了，房屋被毁了，人们只好离开村庄往高处逃难。

yáo
尧

上古时期部落联盟首领，开创禅让制。

shùn
舜

尧将帝位禅让给舜，舜在位时因洪水泛滥，派鲧治理洪水。

gǔn
鲧

鲧治理洪水9年，用土筑堤围堵的方法治理洪水，中国开始有了最原始的防洪工程，但效果不佳。

yǔ
禹

夏朝的第一位帝王，他从父亲鲧治水的失败中汲取经验教训，改"堵"为"疏"，成功治理洪水。

禹...居外十三年，过家门不敢入...左准绳，右规矩，载四时，以开九州，通九道，陂九泽，度九山。——《山海经》

大意：大禹治水十三年，曾三次经过家门而不敢进入。四季都随身带着准绳和角尺，用它们来开辟九州的土地，疏通九州的道路，修筑九州的堤坝，测量九州的大山。

面对滔滔洪水，禹利用水流运动的规律对洪水进行疏导，将洪水成功引入江河、湖泊和大海。

在禹的率领下，大家用锄头、耒耜（lěi sì）清理河道，开挖沟渠。

禹把毕生的精力都献给了治水事业，他以过人的聪慧与勇敢带领百姓攻克难关、战胜洪灾。从禹的时代到春秋之前，历史上再也没有关于洪水的记载。

有许多民众自发赶来，和禹一起与洪水做斗争。

第三篇：
水与
农业
文明

水促进了农业文明的发生发展。在历史的长卷上，智慧的劳动人民自古就学会了利用河水灌溉田地，而后一批水利专家又带领百姓修筑了具有防洪、排涝、航运等功能的水利工程，江河之畔也引来文人墨客留下千古诗篇。

让我们与江小惜一同进入农业文明时期，领略古人的智慧与浪漫吧！

发明之窗

古人在利用机械引水灌溉的同时，也注意到水蕴藏的巨大能量，开始利用水的动能和势能创造大量的农用机械工具用于纺织、粮食加工等，带动古代农用机械的新发展。

连筒

将大竹筒打通并首尾相连，沿山体呈"之"字形蜿蜒而下，将泉水引流至家中、池塘、田地，形成了当时的"自来水系统"。

翻车

又名"龙骨水车"，用于引水，有立式、坐式、脚踏、单人、双人、畜(chù)力、风力等多种形式。

高转筒车

唐代农用提水机械工具，一般借助人力或畜力，加上较为湍急的河水使之转动，将低处的河水引流到高处的田地进行灌溉。

水转大纺车

发明于南宋后期，主要用于加工麻纱和蚕丝。将大直径的水轮连接纺车，在水流冲击下带动纺车运行，是当时世界上最先进的纺纱机械。

水转连磨

流行于古代江西等地，是晋代发明家杜预制造的粮食加工机械。水轮的长轴上有三个齿轮，各联动三台石磨，靠水力带动石磨运转研磨粮食。

木头和竹子制成的简易工具开启了中国农业文明进步的先河，古代的人们通过对工具循环往复的使用，一步步发明了更加高效便捷的防洪抗旱排涝工具。

辘(lù)轳(lu)井

古代深井提水装置，在井上方搭建木架放置长木滚轴，滚轴中间用长绳系上木桶，靠人力转动摇把(bà)提水，省时省力。

中国古代四大水利工程与治水名人

自远古时期，百姓为了防洪排涝、引水灌溉农田，开始因地制宜兴修水利。各种类型的水利工程不断涌现，至今发挥着巨大的作用，可谓"功在当代，利在千秋"。

李冰，战国时期著名水利专家。他在担任蜀郡太守期间，率领民工在岷江流域兴修了许多水利工程，其中以他和他的儿子李二郎一同主持修建的都江堰水利工程最为著名。

鱼嘴

都江堰

将岷江水一分为二，一条为岷江主流，用于分洪减灾，另一条引入成都平原灌溉农田。两千多年来，都江堰一直发挥着巨大的作用，使条件恶劣、水旱成灾的成都平原变成水旱从人、沃野千里的"天府之国"，被誉为"世界水利文化的鼻祖"。

飞沙堰

宝瓶口

郑国渠

关中最早的大型水利工程，位于今天的陕西省泾阳县泾河北岸。郑国渠长达 300 余里，不仅根治了千年水患，还使关中成为天下粮仓，使八百里秦川成为富饶之乡，是陕西省第一处"世界灌溉工程遗产"。

郑国，战国时期韩国人，著名水利专家。参与过治理荥(yíng)泽水患和整修鸿沟河道等水利工程，后来被韩王派去秦国，修建了著名的郑国渠。

灵渠

秦始皇在开拓岭南疆土时，命史禄修建了这条人工运河，用来运载军粮。后来，人们在其两侧修建了多条引水渠道和几十个山塘水库，使之形成一个规模巨大的水网灌溉农田，将灵渠改造成以灌溉为主的水利工程。

它(tuō)山堰

它山堰修建于唐代，是我国古代最具代表性的御咸蓄淡水利工程。在未建之前，海水经常倒灌进浙江甬(yǒng)江，严重影响当地百姓生活和农业生产。为解决这个问题，它山堰水利工程用巨型石条在河上作堤，不仅防止了海潮袭击，又可用于灌溉，解决了宁波百姓的用水问题。

我国自远古起就十分重视兴修水利，纵观名流千古的水利工程都凝聚着古代治水名家的智慧与汗水。他们卓越的成就是留给后人的历史财富，值得全世界人民敬仰。

治水名人

郭守敬

元朝著名天文学家、数学家、水利专家。他调整京杭大运河路线，治河勘察、修建水渠和闸坝，用其精密绝妙的测量和施工技术，创造了水利史上许多伟大的成就。

孙叔敖

春秋时期楚国人，致力于漕运和农田灌溉事业。他带领百姓修筑了历史上著名的芍陂(què bēi)，当时有着灌田万顷的作用，至今仍发挥着防洪、航运、水产和旅游等效益。

西门豹

战国时期魏国人，曾立下赫赫功勋。在邺(yè)城(今河北临漳县一带)发动百姓在漳河周围挖掘了著名的"漳水十二渠"，使大片田地成为旱涝保收的良田。

人们在永济渠段（天津附近）开挖了新的入海口，修筑堤防、栽种柳树，减轻了天津附近的洪水宣泄压力。

大运河与附近大小湖泊和水塘连通，日常可用于灌溉，即使在枯水期也能保障供水。

运河，扬州成了南北粮、
、钱、铁的运输中心和海
通的重要港口，经济达到
，在江淮地区可谓是"富
"。

北方的松木、皮货、煤炭等由运河南下。

水利史诗：京杭大运河

京杭大运河是我生活的蓝色星球上长度最长、历史最悠久的运河之一。全长约1800千米，开凿至今已有2500多年的历史，让我带你去繁华的运河两岸看看吧！

大运河的运输成本很低，与现代的空运和陆运相比，它是较为节省成本又环保的运输方式。

有了大
草、
内外
了鼎
甲天

运河两岸商铺林立、货品琳琅满目，人们可以一边采购、欣赏美景，一边品尝淮阳美食、豪饮江南美酒。

绸、茶叶、竹子、
源不断运往北方。

京杭大运河带动了无数个沿岸城市的崛起，它无疑是我国东部平原的"母亲河"。大运河功能显赫，影响深远，为我国经济注入勃勃生机。

直到今天，大运河依然在南水北调东线工程、灌溉、航运、旅游等多个领域发挥着巨大作用。

尽道隋亡为此河，至今千里赖通波。
若无水殿龙舟事，共禹论功不较多。

天下三分明月夜，
二分无赖是扬州。

扬州自古繁华，有着"中国运河第一城"的美誉。作为江南最富庶的地方之一，大量运送粮食的船只来往于此。

南方的丝
陶瓷等源

千年不涝：福寿沟

江西赣州地处章江和贡江交汇处，自古多雨，常年饱受洪水与城市内涝的威胁。自北宋起，一套被称为"福寿沟"的防洪排涝系统诞生了，使赣州成为千年不涝的"浮城"。

刘彝(yí)，北宋著名水利专家，主持修建福寿沟。

纺织业、制茶业、酿酒业等比前代有了很大的进步，推动了国内贸易的发展。

在沟的底部，每隔20~50米设置一个凹下去的沉井，用于沉积雨水和污水中的泥沙和杂物，既便于集中清理，又可以避免沟道堵塞。

造纸业在两宋时期达到了鼎盛时期，为人类文明作出了巨大的贡献。

街道上有许多铜钱状的排水孔，雨水顺着孔流入地下的排水沟。

纸浆池

井

井

水塘

福寿沟示意图

排水系统根据赣州古城街道的布局和地形布设，由沟、窗、塘、墙等组成，因走向形似篆体的"福"和"寿"，故称之为"福寿沟"。

城墙
外江水位高
水窗关闭
雨水沿地面流进水塘
沉井
水塘

城墙
外江水位低
井
水窗开启
沉井
水塘

主沟剖面图

1.4米
0.9米

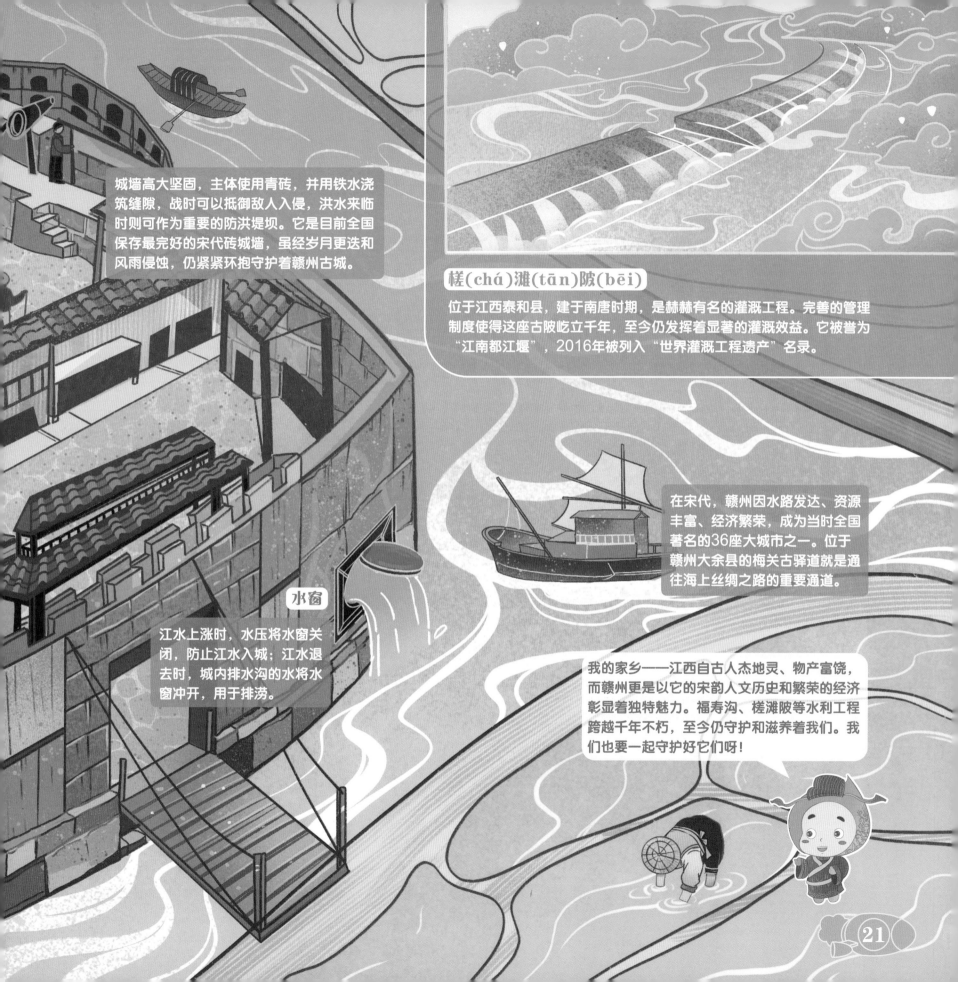

城墙高大坚固，主体使用青砖，并用铁水浇筑缝隙，战时可以抵御敌人入侵，洪水来临时则可作为重要的防洪堤坝。它是目前全国保存最完好的宋代砖城墙，虽经岁月更迭和风雨侵蚀，仍紧紧环抱守护着赣州古城。

槎(chá)滩(tān)陂(bēi)

位于江西泰和县，建于南唐时期，是赫赫有名的灌溉工程。完善的管理制度使得这座古陂屹立千年，至今仍发挥着显著的灌溉效益。它被誉为"江南都江堰"，2016年被列入"世界灌溉工程遗产"名录。

水窗

江水上涨时，水压将水窗关闭，防止江水入城；江水退去时，城内排水沟的水将水窗冲开，用于排涝。

在宋代，赣州因水路发达、资源丰富、经济繁荣，成为当时全国著名的36座大城市之一。位于赣州大余县的梅关古驿道就是通往海上丝绸之路的重要通道。

我的家乡——江西自古人杰地灵、物产富饶，而赣州更是以它的宋韵人文历史和繁荣的经济彰显着独特魅力。福寿沟、槎滩陂等水利工程跨越千年不朽，至今仍守护和滋养着我们。我们也要一起守护好它们呀！

写给绿水青山的情诗

《早发白帝城》
唐·李白
朝辞白帝彩云间，千里江陵一日还。
两岸猿声啼不住，轻舟已过万重山。

《惠崇春江晓景二首》
宋·苏轼
竹外桃花三两枝，春江水暖鸭先知。
蒌蒿满地芦芽短，正是河豚欲上时。

《望庐山瀑布》
唐·李白
日照香炉生紫烟，遥看瀑布挂前川。
飞流直下三千尺，疑是银河落九天。

古诗是我国传统文化的瑰宝，它犹如璀璨明珠传承着华夏子孙的血脉。在数以万计的古诗词中，水一直都是诗人的灵感源泉，在许多脍炙人口的诗篇中留下了深刻烙印。

《滕王阁序》节选
唐·王勃
落霞与孤鹜齐飞，
秋水共长天一色。

《钱塘湖春行》
唐·白居易
孤山寺北贾亭西，水面初平云脚低。
几处早莺争暖树，谁家新燕啄春泥。
乱花渐欲迷人眼，浅草才能没马蹄。
最爱湖东行不足，绿杨阴里白沙堤。

《忆江南》（其一）
唐·白居易
江南好，风景旧曾谙。
日出江花红胜火，
春来江水绿如蓝。
能不忆江南？

《将进酒》节选
唐·李白
君不见，黄河之水天上来，
奔流到海不复回。
君不见，高堂明镜悲白发，
朝如青丝暮成雪。
人生得意须尽欢，莫使金樽空对月。
天生我材必有用，千金散尽还复来。

《黄鹤楼送孟浩然之广陵》
唐·李白
故人西辞黄鹤楼，烟花三月下扬州。
孤帆远影碧空尽，唯见长江天际流。

聆听水的千古名句，你是否和我一样被水的包容万象、细腻丰富深深打动呢？水不仅彰显着生命的色彩，更蕴藏着博大精深的传统文化，传承了中华民族上下五千年的精神力量。

第四篇：
水与工业文明

工业革命至今不过300年，在此期间创造的物质财富已经超过人类历史几千年创造的总和。伴随着我国综合国力的不断壮大，水利工程建设也有了前所未有的大跨越，世界上最大的水利枢纽——三峡工程、世界上最大的调水工程——南水北调工程，都彰显了我国的水利成就。

当工业文明凯歌行进的时候，人们对自然的消耗和污染与日俱增，作为自然资源的水也发出了痛苦的呻吟，这两种声音交织在一起引发的不和谐，构成了这个时代的"特殊乐章"。

发明之窗

18世纪工业革命以来，人类发明创造了蒸汽机等新的工具机，机械大工业和规模化生产取代了男耕女织的简单农业生产。让我们走进博物馆，一起来参观学习吧！

冲水型抽水马桶 / 1775年

由英国人卡明斯改进研制，通过拉动绳索，利用水的重力将粪便冲进下水管道。它让粪便不再滞留在室内，改善了家中的环境。

水力纺纱机 / 1769年

由英国人阿克莱特发明，利用水力带动滚轴纺织。它纺出的纱线坚韧结实，但比较粗。

蒸汽机 / 1785年

由英国人瓦特改良创造，是一种将蒸汽的能量转换为机械能的往复式动力机械。为工厂、火车和轮船提供了动力，推动了工业革命的发展。

蒸汽汽车 / 1801年

由英国人理查制造，它最多能乘坐6人，最快时速为每小时27公里，是第一辆真正投入市场的蒸汽机车辆。

自来水厂 / 1852年

美国建成了世界上第一座自来水厂。上海于1881年建立了中国第一座自来水厂（杨树浦水厂）。

蒸汽轮船 / 1807年

美国人富尔顿设计、制造的蒸汽轮船"克莱蒙特号"试航成功，使轮船开始真正成为水上舞台的主角。

水电站 / 1878年

法国建成了世界上第一座水电站，拉开了全世界大规模使用水电能源的序幕。

蒸汽机车 / 1814年

英国人斯蒂芬森发明的第一辆蒸汽机车"布拉策号"试运行成功，从此，人类加快了进入工业时代的步伐。

污水　曝气池　二沉池　出水

空气

活性污泥　剩余污泥

可以说，从水力纺纱机的发明到污水处理厂的建立，每一项创造性地利用水的成就都具有划时代意义，持续推动着工业文明向前发展。

活性污泥法污水处理厂 / 1916年

美国建成了第一座活性污泥法污水处理厂，为城市污水处理技术奠定了基础。我国于1923年建设了第一座污水处理厂（上海市东区污水厂）。

水轮机 / 1827年

由法国人富尔内隆制造。水冲击叶片使其转动，将水能转换为机械能，从而带动发电机发电。它的出现为水力发电提供了必要条件。

中华大地上的水利明珠

新中国成立初期，百废待兴。为改变水利设施不健全、水旱灾害频发的局面，我国开启了大规模兴水利、除水害的治水之路。

1931年，我国发生特大水灾。据统计，有16个省受灾，一半房屋被冲毁，受灾人口达1亿人，人们流离失所、举家逃难，场面令人触目惊心。

修建水库大坝、江河堤防，使之形成完善的防洪体系，守护江河安澜，保障工农业生产，保护百姓生活安居乐业。

官厅水库
始建于1951年

位于河北省张家口市怀来县和北京市延庆区交界处，是新中国成立后建成的第一座大型水库，在防洪、供水、灌溉、发电等方面发挥了巨大作用。

新安江水电站
始建于1957年

位于浙江省建德市，是新中国自行设计、自制设备、自主建设的第一座大型水电站，被誉为"长江三峡的试验田"。

荆江分洪工程

始建于1952年

位于湖北省公安县，是新中国成立后建成的第一个大型水利工程，也是长江水利史的一座丰碑。

江都水利枢纽工程

始建于1961年

位于江苏省扬州市，具有灌溉、排涝、泄洪、通航、发电、改善生态环境等综合功能，是我国第一座自行设计、制造、安装和管理的大型泵站群，被誉为"江淮明珠"。

红旗渠

建于1960年

于河南省林州市，是人工修建的用于灌溉的渠道，称为"人工天河"，诞生了"红旗渠精神"。

龙羊峡水电站

始建于1976年

位于青海省海南藏族自治州的黄河干流上，坝高178米，是以发电为主的大型综合性水利工程，被誉为"万里黄河第一坝"，人称黄河"龙头"电站。

治水兴业，以水富民。中华大地上水利明珠遍地开花，为社会经济发展提供了坚实保障。

国之重器：三峡工程

穿越千年，我终于来到了三峡水利枢纽工程！它始建于1994年12月14日，是世界上最大的水利枢纽工程，能抵御千年一遇的洪水，有世界上最大的水电站和船闸，将防洪、发电、航运等功效发挥得淋漓尽致。

屈原故里—秭(zǐ)归县

三峡水库

三峡水库总库容为393亿立方米，其水量相当于最高水位时期的鄱阳湖。

三峡大坝

具有拦洪、削峰、错峰三大功能，是控制中下游水量的"总开关"，承担着为中下游防汛卸压的重任。

三峡水电站

共有34台水轮发电机组，总装机容量2250万千瓦，每年生产近1000亿度的清洁电能。生产的电能输送至上海、重庆、浙江、江西等八省二市，使全国一半以上的人口受益。

坝后式电站

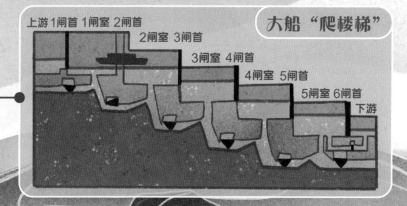

大船"爬楼梯"

上游 1闸首 1闸室 2闸首
2闸室 3闸首
3闸室 4闸首
4闸室 5闸首
5闸室 6闸首
下游

以船舶从上游驶向下游为例：

- 船舶驶入闸室后关闭上游闸门。
- 打开闸室下的阀门，水从第1闸室流向第2闸室。
- 当第1、第2闸室内水面齐平时，打开第2闸首闸门，船舶驶入第2闸室。
- 一艘船通过5级船闸大约要3个小时。

小船"坐电梯"

上闸首

下闸首

下游引航道

承船厢

三峡升船机是世界上提升高度最高和总重量最大的垂直升船机，最大提升高度113米，最大提升重量15500吨。

以船舶从下游驶向上游为例：

- 当船舶驶入承船厢，关闭承船厢下闸首闸门。
- 承船厢上升，直到厢内水面与上游水库水面齐平，承船厢上游闸门打开，船舶驶入上游航道。
- 一艘船"乘坐"升船机过坝，约需40分钟。

三峡工程凝结着民族梦想、国家力量和人民智慧。它作为人类历史上最宏伟的水利工程之一，屹立在每个中国人心底，以大国重器之力护佑长江安澜、助力经济发展、创造美好生活，用百年风雨历程记录山河变迁，造就了世界治水史上的伟大丰碑。

水的迁徙：南水北调

南水北调工程是一项举世瞩目、造福子孙的伟大工程。"先节水后调水"，"南水"来之不易，所以我们要精打细算，用好每一滴水。

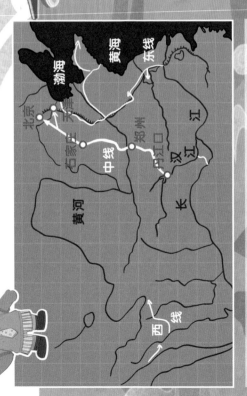

南水北调中线一期工程输水干线全长1432公里，于2014年12月正式通水运行。通水8年来的输水量相当于一条黄河，使沿线6000多万人口受益。

地图标注：北京　天津　渤海　黄海　东线　中线　西线　石家庄　郑州　黄河　长江　汉江　丹江口

"穿黄"工程

南水北调的咽喉工程，是人类历史上最宏大的穿越大江大河的水利工程。长江和黄河在此穿越"握手"，形成"江水不犯河水之势"。

终点——团城湖调节池

调节池连接密云水库和南水北调来水两大水源，总调蓄量达151.3万立方米，为北京供水。

北京

地铁五棵松站 WUKESONG Station

4米

暗涵工程

南水北调工程用了涵管输水，穿越地铁站。这是世界上首例从正在运营的地下车站下部穿越的大管径有压输水隧洞。

黄河

穿黄隧洞长4250米，内径7米，埋深23~35米。

保定　石家庄　邢台　邯郸　安阳　焦作　郑州

黄河

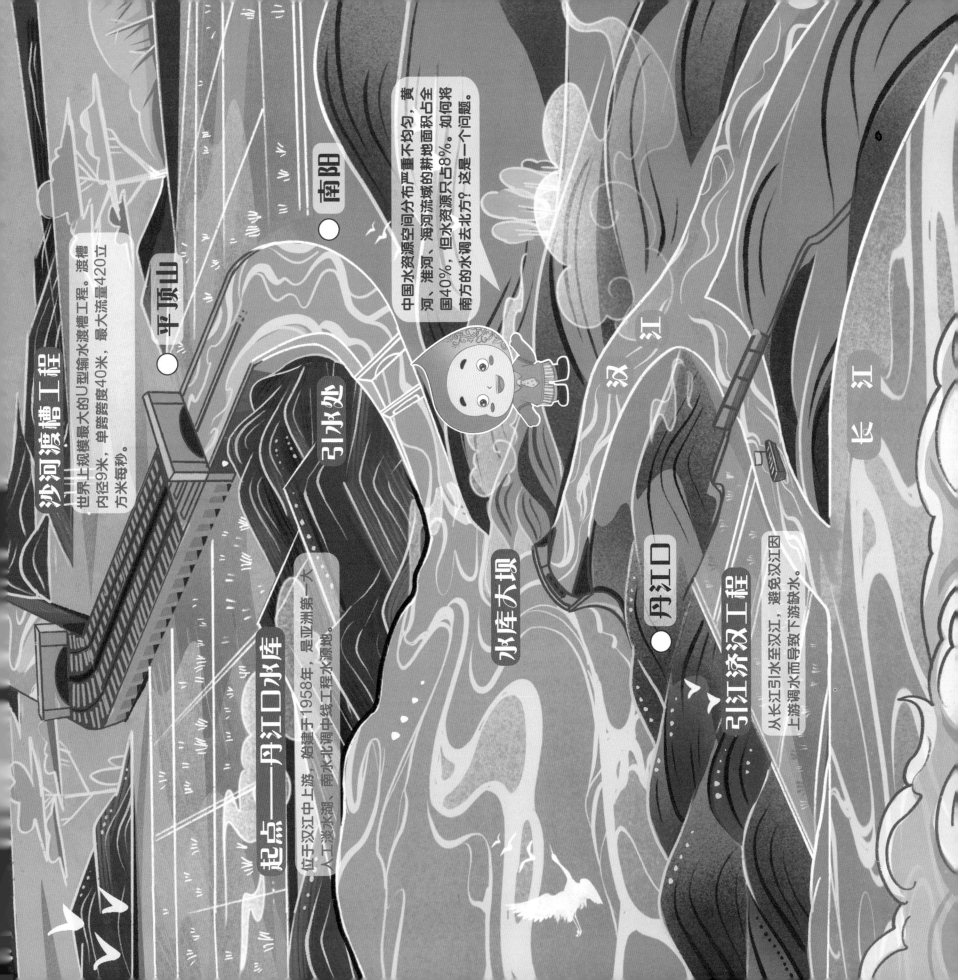

自来水是怎么走进千家万户的？

民以食为天，食以水为先，水以净为源。为让人们喝上"放心水"，保障饮水安全，自来水厂应运而生。

取水水源

自来水厂选取水质较好、水量充足的地表水或地下水作为取水水源。

取水泵房

水厂通过取水泵进行取水，原水经输水管道流入水厂。

自来水厂

过滤

水中的细小悬浮杂质、有机物、细菌、病毒等被过滤层通过黏附作用截留住了，使水更加澄清。

混凝

向水中投放水处理剂（聚合氯化铝、硫酸铝、三氯化铁等），让水中不易沉淀的胶粒及微小悬浮物形成较大的絮粒。

沉淀

絮粒依靠重力沉于池底，定期排出池外。

消毒

一般采用液氯进行消毒，氯与水反应生成次氯酸，通过氧化作用破坏细菌的酶系统而使细菌死亡。另外，水中的余氯也有利于控制管道中的细菌繁殖。

江家村

管网漏损
由于管道老化等原因造成管道破损，要及时维修减少漏损量。

水 表
输水管的干管或支管上常设水表，用来记录用户用水量。

加压泵站
在供水管网中设加压泵站，使自来水顺利进入千家万户。

管网输送

经历沧海终相见，点点滴滴辛苦来。

水的"黑化"

工业革命后，水成为工业生产过程中必不可少的资源，为追逐经济利益，人类开始掠夺式开发水资源。

工厂把没有经过任何处理的污水直接排入河中，污染了河水。

造纸工厂

生活污水随意排放，在马路中间形成臭水沟。

水的负能量

随着工业的发展，大量未经处理的工业废水、生活污水随处排放，水污染严重。充满了负能量的水破坏了生态环境，威胁了人类的饮水安全和健康，甚至诱发了各种疾病。

痛痛病

人们吃了镉含量超标的大米，喝了被镉污染的水，导致骨骼缺钙，造成骨骼疏松、关节疼痛。因为患者常常大叫"痛死了！"所以把这个病称为"痛痛病"。

人们用含镉(gé)污水灌溉农田，造成大米中镉含量超标。

城市的眼泪

伴随着城市的快速建设，大量人口向城市聚集，人们过度开发利用并且肆意浪费水资源。河水断流、地下水被掏空、大水冲进人们的家中，我仿佛听见城市在哭泣。

河流断流

人们过度开发水资源，导致河水干涸，城市就快无水可用了，长此以往，人们将不得不搬迁到别处生活。楼兰古城就是因为水资源严重缺乏，而最终被废弃。

城市内涝

因城市扩张，可以快速下渗雨水的绿地和可以储蓄雨水的洼地变成了不能下渗的柏油、水泥地面。在暴雨来临时，短时间大量的雨水在城市内无法快速排走，导致城区积水严重，造成交通瘫痪，甚至淹没房屋，形成内涝灾害。

地面塌陷

由于地下水被超采，地下水位急剧下降，地面失去支撑后，发生塌陷。

人们对水资源的随意取用，让城市在承受内涝的同时也在喊着口渴和疼痛。城市是我们的家园，让我们擦干它的眼泪，共建人水和谐之家。

第五篇：水与生态文明

水是生态文明的基础保障，山清水秀但贫穷落后不是美丽世界，强大富裕但环境污染、河流干涸同样不是美丽世界。唯有人们将每一滴水都视如珍宝，各行各业将节约用水视为己任，才能构建人与自然和谐共生的美丽世界。

　　"水清、岸绿、河畅、景美、人和"的欢欣场景是我们最美好的愿望。让我们跟随江小惜，一起走进生态文明时期，用实际行动为这幅"人水和谐"的绚丽画卷增色添彩吧！

节水对我国有多重要？

朋友们，旅行来到了我们生活的时代。社会经济的高质量发展、人们的幸福生活、优美的生态环境都需要优质、充足的水资源，水不可缺少、不可替代。

水资源特点

总量丰富

我国是水资源大国，水资源总量居世界第6位，境内分布有长江、黄河、淮河、珠江、辽河、海河和松花江等"七大水系"。

人均量少

我国人口居世界第一，人均水资源量只有世界平均水平的28%，居世界第121位。

时空分布不均

时间上，我国降水夏秋多、冬春少；空间上，长江以南地区的水量占全国的81%，长江以北仅占19%。

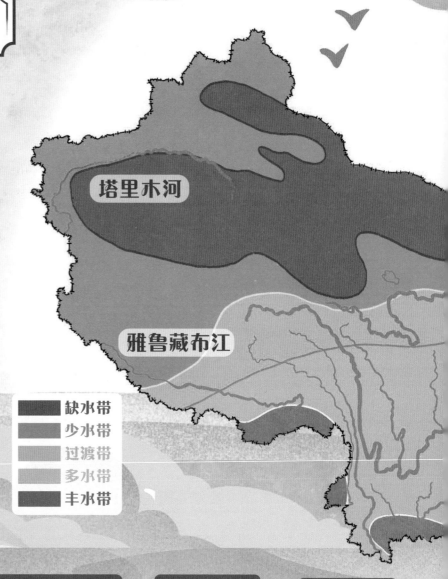

塔里木河

雅鲁藏布江

■ 缺水带
■ 少水带
□ 过渡带
□ 多水带
■ 丰水带

节水政策

2012年	2012年	2014年	2015年	2015年	2016年
正式推进生态文明建设	提出全国用水总量控制目标	将节水放在最优先的位置	出台我国史上最严格的环境保护法	提出全面建设节水型社会	在各行各业树立节水典型

·北京西

7000亿立方米

节水优先
空间均衡
系统治理
两手发力

《环境保护法》

水效领跑者

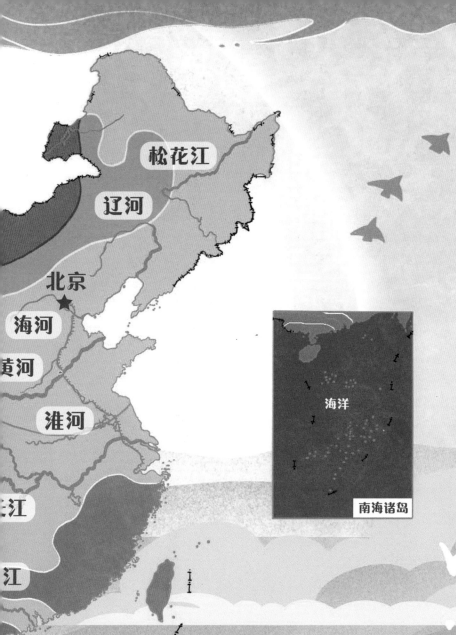

松花江

辽河

北京 ★

海河

黄河

淮河

海洋

南海诸岛

存在的问题

污染严重
污染物排放总量不断增加，污染物类型增多。

生态缺水
局部地区过度开发挤占生态用水，导致江河断流，湖泊、湿地萎缩。

涝旱急转
极端天气事件偏多，洪水、干旱接踵而至。

我国正以短缺的水资源量、有限的纳污能力和脆弱的水生态系统，承载着日益增长的人口数量和高强度的社会经济活动，节约用水是解决我国水问题的根本措施。我国出台了一系列制度和措施，要求和倡导全社会节约用水，我们每个人都要行动起来，养成节水、护水的好习惯。

| 2017年 给每条河流设立河长 | 2017年 对取水户严格征收水资源费 | 2018年 在用水产品上标注水效等级 | 2019年 出台《国家节水行动方案》 | 2021年 将"共抓大保护，不搞大开发"写入法律 | 2021年 制定《公民节约用水行为规范》 |

G 时代号列车

请依法缴纳水资源费

中国水效标识

平均用水量（升）
0.0

标志着节水成为国家意志和全民行动

长江保护法

45

丰水地区也要节水吗？

鄱阳湖
丰水一片

鄱阳湖
枯水一线

我的家乡——江西，山清水秀、风景独好，水资源总量与人均水资源量均居全国第七位，处在南方的丰水地区。江西的水这么多，为什么还要节水呢？

长江

鄱阳湖

饶河

修河

信江

江西省境内有赣江、抚河、信江、饶河、修河等五大河流，汇入鄱阳湖后流入长江。

抚河

赣江

各省(自治区、直辖市)多年平均水资源量

西藏 | 四川 | 广西 | 湖南 | 云南 | 广东 | 江西 | 湖北 | 福建 | 浙江 | 黑龙江 | 贵州 | 安徽 | 新疆 | 青海 | 重庆 | 内蒙古 | 吉林 | 陕西 | 江苏 | 河南 | 海南 | 山东 | 甘肃 | 河北 | 山西 | 上海 | 北京 | 天津 | 宁夏

丰水地区也有缺水的时候，也有缺水的地方，存在用水向城市集中、局部水污染突出等问题，所以我们在丰水地区也要行动起来，节约水资源，减少污水排放，守护好我们的绿水青山。

怎样成为节水家庭？

我们日常生活中每天都要用水，如何在生活中做到节约用水，一起来看看吧！

多采用淋浴洗澡洗澡时间不宜过长。

刷牙时连续开1分钟，会有约4升水白白流走。

洗浴间隙及时关闭水龙头。

适量使用沐浴液减少冲淋水量。

正确使用大水、小水按钮。

先择菜，后洗菜。

不用长流水解冻食材。

收集浴前冷水。

不把垃圾倒入便器，优先使用干净的洗菜水、浴前冷水冲厕所。

洗碗前先擦去油污再冲洗。

铸铁螺旋升降式水龙头不节水已被淘汰

选择节水型水龙头

禾苗可以这样喝水

水对农业至关重要。我国是农业大国，农业是第一用水大户，用水量约占全国总用水量的60%，节水潜力巨大。

大型喷灌机

适合大面积种植区使用。

硬化渠道

用普通土渠输水，只有不到50%的水可以到达农田，如果对渠道进行防渗处理，可以使到达农田的水增加到75%~85%。

拖拉机深耕

有利于农作物吸收深层的土壤水分。

滴灌

与喷灌相比能节省30%左右的水，化肥、农药等能加在水里，与水一起到达作物根部。

喷灌

将水喷到高空，散成小水滴落在树上，更好地满足果树的需水要求。喷灌可使水的利用率达到80%以上。

实施保水渔业

在水塘中放养鲢鱼和鳙鱼，可以吃掉水中多余的藻类等浮游生物，净化水质，减少鱼塘补水换水的次数，达到节水的目的。

实行农业水价综合改革
促进农业高效节水减排

农业要想发展好，节水增产是正道。

调亏灌溉

当水有限时，确保在农作物生长的关键期（小麦孕穗期、玉米抽顶花期等）有水灌溉，在水量不足时也能保证作物产量。

51

现代工厂的节水攻略

水在工业生产中不可缺少，不仅可以作为原料，还可以用于洗涤和冷却。怎样在工业生产中节水呢？一起来看看攻略吧！

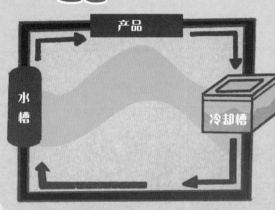

产品

水槽

冷却槽

冷却水的循环利用

冷却水使用后温度升高，经过降温处理后，可以再次作为冷却水使用，也可以用于工厂生产中的其他环节。

示范园区

节水企业

定期开展水平衡测试

其他水源

耗水

污水处理站

达标排放

由于工业生产中各环节的用水水质标准不同，因此可以将废水处理后再次利用，达到一水多用的目的。

废水回用

收集废水池

废水处理系统

产品

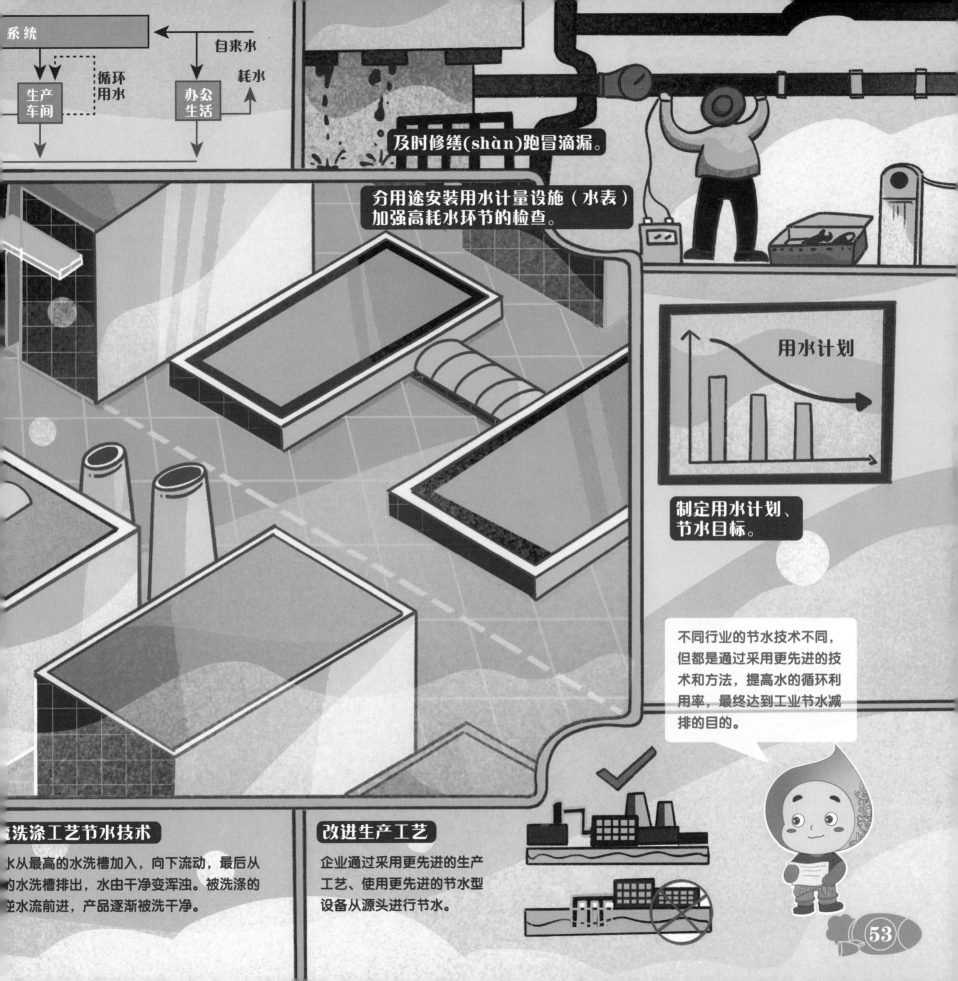

系统

循环用水

生产车间

办公生活

自来水

耗水

及时修缮(shàn)跑冒滴漏。

分用途安装用水计量设施（水表）加强高耗水环节的检查。

用水计划

制定用水计划、节水目标。

不同行业的节水技术不同，但都是通过采用更先进的技术和方法，提高水的循环利用率，最终达到工业节水减排的目的。

洗涤工艺节水技术

水从最高的水洗槽加入，向下流动，最后从的水洗槽排出，水由干净变浑浊。被洗涤的水流前进，产品逐渐被洗干净。

改进生产工艺

企业通过采用更先进的生产工艺、使用更先进的节水型设备从源头进行节水。

节约粮食也是节约用水

生产1公斤橙子需用560升水

生产1公斤巧克力需用1.7吨水

生产1杯250毫升啤酒需用74升水

如果有人跟你说，吃1公斤猪肉，相当于喝掉了20浴缸的水，这可不是开玩笑，而是用了"虚拟水"的说法。这里的"虚拟水"是指从猪出生到长大直至烹饪好的全过程所消耗的水。

清洗猪圈用水

猪成长饮用水

饲料加工用水

生产1个汉堡需
用2.4吨水

生产一杯250毫升
牛奶需用255升水

生产1公斤大米需
用3.4吨水

生产1公斤土豆
需用900升水

生产1公斤牛肉需
用15.4吨水

1吨 = x 2000

1升 = x 2

生猪运输用水

猪成长饮用水
饲料加工用水
清洗猪圈用水
生猪运输用水
屠宰生猪用水
猪肉加工用水
} =  =

生产1公斤猪
肉需6吨水

1.2万瓶矿泉水

猪肉加工用水

屠宰生猪用水

我们不仅要节约看得见的水，也
要节约"虚拟水"。让我们从餐
桌开始，践行光盘行动吧！

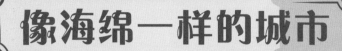

像海绵一样的城市

海绵城市是指城市像海绵一样，下雨时能够蓄水、渗水、滞水、净水、安全排水，干旱需水时，能够将蓄存的雨水释放并加以利用。

水塘平时可供人们休闲娱乐，暴雨时能收集雨水，发挥调蓄功能。

河长制公示牌

绿色屋顶可以增加城市绿地面积，减少城市热岛效应。

减少初雨带来的污染物，补充地下水

下凹绿地

收集的雨水经过截污净化可用于冲厕、景观绿化、洗车等。

雨水积蓄

地下水

用收集的雨水冲洗路面。

洒水车

处理后的雨水可用于喷泉和景观绿化。

透水铺装

透水性路面可使雨水快速下渗，在减少城市内涝的同时补充地下水。

海绵城市可以让人们在应对暴雨和干旱等极端天气时更从容。

第六篇：

节水总动员

小时候，我们每个人都有自己的理想，长大后想成为科学家、工程师，想当医生、厨师。这些儿时的憧憬，浇灌着节水的种子，在我们实现理想的道路上绽放出绚丽的花朵。

大到发明节水工具，小到随手关闭水龙头，无论从事何业、身处何方，只要你想，都能为节约用水作出贡献，为湛蓝的未来写下属于你的一笔。

面向未来：我们能做些什么？

节水新技术

拨号水龙头

拨号盘水龙头外形像拨号电话，可以选择5秒、10秒或者15秒的水流时间。

可以吃的水球

英国伦敦三位大学生发明了可以吃的水球，水球外表的薄膜用海藻提取物制成，可以直接食用，丢弃也不会污染环境。水球水量较小，能按需饮用，避免浪费。

海水稻

袁隆平爷爷培育的海水稻，可以用一定比例的海水和淡水调配浇灌，从而减少淡水使用量。

空气洗手装置

我国大学生发明的空气洗手装置，通过在水流中混入大量空气，达到清洁手的目的，比常规水龙头节省90%的水。

我能研究出更有效的污水净化技术。

科学家

我能用更少的水种出更多的粮食。

农场主

我能优化厨房用水方式，节约厨房用水量。

厨师

相信随着社会的进步，未来会创造出更多节水的方法。我们只有懂水、爱水，才能在各行各业为节水作出贡献，让我们的世界变得更美好！

写下湛蓝的未来

1=D 4/4

演唱/李 扬

作词/王柔曼

作曲/李 扬

♩=66 美好、悠扬地

3 5 6. 1 | 7 1224 33. 67 | 1 3 ♯4.667 | 1 0712 2 - | 1 - 7646 |

5 0432 2 034 ‖: 5 555 516 566 | 5 655 43 032 |

禾苗　在风中　轻轻哼着歌，　　等一场　雨落，　晨光
与秋水　交汇映天空，　　与彩虹　相拥，　心跳

1 1116 5 6554 | 3 - - 032 | 1 1116 5. 34 |

在露珠的　眼眸中　闪烁，　　来自冰川的　问候，　蜻
与波浪　跃动曲线　相同，　　我们的　愿望　不多，　许

5. 43 023 | 4446 5655 7 | 1 - - 034 :‖

蜓　　而来，　把希望的光　芒撒向你　心怀。　白鹭

江小惜来考考你

1. 下列人体组织器官含水量最高的是?（　）

   A.大脑　　　B.眼睛　　　C.牙齿　　　D.肌肉

2. 哪位历史名人治水十三年"三过家门而不入"?（　）

   A.尧　　　B.舜　　　C.鲧　　　D.禹

3. 以下哪个工程被誉为"世界水利文化的鼻祖"?（　）

   A.都江堰　　　B.它山堰　　　C.灵渠　　　D.郑国渠

4. 这首写给绿水青山的情诗"落霞与孤鹜齐飞，秋水共长天一色"描绘的是哪里的景色?（　）

   A.湘江　　　B.赣江　　　C.珠江　　　D.汉江

5. 京杭大运河是世界上长度最长的人工运河，以下哪个城市不在大运河沿线?（　）

   A.杭州　　　B.扬州　　　C.上海　　　D.北京

6. "大船爬楼梯，小船坐电梯"指的是哪个水利工程?（　）

   A.新安江水电站　　B.龙羊峡水电站　　C.葛洲坝水利枢纽　　D.三峡工程

7.工业革命时期，下列哪个与水有关的发明出现的时间最早？（　　）

A.水力纺纱机　　　B.冲水型抽水马桶　　　C.蒸汽机　　　D.水轮机

8.为了解决中国水资源分布严重不均问题，我国决定修建南水北调工程，分东线、中线、西线三条线路。以下哪个是南水北调中线工程的水源地？（　　）

A.三峡水库　　　B.丹江口水库　　　C.鄱阳湖　　　D.洞庭湖

9.鄱阳湖是中国第一大淡水湖，具有"丰水一片，枯水一线"的特点。以下哪条江河最终没有汇入鄱阳湖？（　　）

A.赣江　　　B.信江　　　C.北江　　　D.饶河

10.节约用水就是合理高效用水、避免浪费。下列哪种行为不是节水行为？（　　）

A.水果不洗直接吃　　B.刷牙间隙关闭水龙头　　C.节约粮食　　D.用淘米水浇花

11.以下哪项不是建设"海绵城市"可以采取的措施？（　　）

A.修建绿色屋顶　　B.修建不透水路面　　C.收集雨水回用　　D.修建下凹绿地

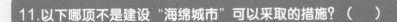

12.生产1公斤大米需用3.4吨水（约6800瓶矿泉水），煮一碗米饭需用50克大米，若浪费一碗米饭，相当于浪费了多少水？（　　）

A.1碗　　　B.1瓶　　　C.1吨　　　D.340瓶

后记

　　水是生存之本、文明之源，是大自然对人类的最美馈赠。习近平总书记提出"节水优先、空间均衡、系统治理、两手发力"的治水思路，"节水优先"是排在首位的，就是要把节约用水作为水资源开发、利用、保护、配置和调度的前提。《国家节水行动方案》的出台标志着节约用水已上升为国家意志和全民行动。如何将节约用水理念根植于心，是我们一直在思考的问题。十余年来，我们始终坚持创作兼具科技含量与人文温度的节水科普作品。随着对水知识的深度梳理、对水世界的持续探索，节水书籍、动画片、歌曲、挂图、微信表情包等《节水总动员》系列科普作品应运而生。

　　《江小惜的时光旅行》作为《节水总动员》系列中的首部科普绘本，采用时间图谱的形式，用一种看得到、听得见、摸得着的方式遇见历史。本书将水与人类文明发展脉络紧密相连，通过独具匠心的国风插画、独树一帜的科普歌曲、独出心裁的互动模式，全方位展现不同时期人类与水的相处方式，在弘扬传统文化、传播科学知识的同时，传递惜水、节水、爱水、护水的理念。

十年树木，百年树人。亲爱的朋友们，无论你身处西北大漠还是江南水乡，都希望大家能通过《江小惜的时光旅行》，推开科普之门，插上科学之翼，在时光的长河中，与水对话，和大禹同行，乘运河而上，品山水之诗，赏三峡之壮，解治水之谜，悟节水之道……用知识作画笔，共同绘就人水和谐的美好未来。

本书在江西省水利厅、江西省节约用水办公室指导下完成，在编写过程中得到了江西省科学技术协会、江西省科学技术馆、长江技术经济学会科普工作委员会的大力支持。本书在编写过程中查阅了大量资料，这些数据资料主要来源于已公开出版的书籍、公开发表的论文；同时，部分资料来源于网络。此外，魏秉然、甘心逸、王可馨、李沐成、高厚泽、张亦宸等小朋友为本书的修改工作提出了宝贵建议。在此，向所有为本书提供帮助的单位、个人和参考资料的原作者表示衷心感谢！

由于编者水平与时间有限，书中不足与疏漏之处在所难免，敬请读者批评指正。

编委会

二〇二二年七月

江小惜 我想对你说